AVENTURES DU JEUDI

# SOUS LA TERRE

### LUCIEN LINDEN

PARIS

LIBRAIRIE [illegible]

# SOUS LA TERRE

# SOUS LA TERRE

PAR

## ADRIEN LINDEN

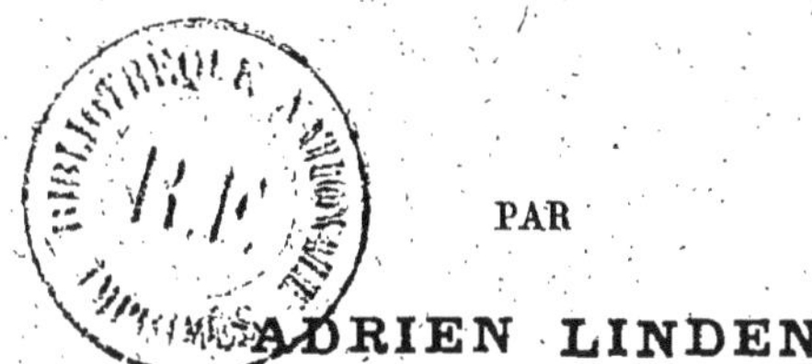

PARIS

LIBRAIRIE CH. DELAGRAVE

15, RUE SOUFFLOT, 15

1885

# SOUS LA TERRE

On élevait un mur à l'extrémité du verger. Ernest, Alice et Marie profitaient de

ON ÉLEVAIT UN MUR.

l'occasion pour construire de leur côté un
superbe château fort avec du sable et des
débris de moellons.

Les petits architectes n'étaient pas très experts dans l'art de bâtir, paraît-il, car leur forteresse s'écroulait à tout moment.

— Je sais ce qui nous manque, dit Ernest : c'est du mortier. Le mortier est un ciment qui maintient les pierres entre elles ; si nous en avions, notre château tiendrait debout : j'en vais chercher.

— Ne touche pas aux affaires des maçons, lui dit sa sœur ; l'oncle Richard l'a défendu.

— Il n'en saura rien : ce n'est pas toi qui le lui diras ?

— Ni moi non plus, mais les ouvriers parleront, ajouta Marie, la petite maîtresse de la maison.

— Ils n'y verront que du feu. Je vais aller prendre une poignée du mortier qu'ils viennent de cacher sous ce tas de sable.

— N'en fais rien, je t'en prie, dit encore Alice.

Ernest ne l'écouta point. Se glissant furti-vement entre les pierres, il arriva auprès du mortier convoité et plongea sa main dans le tas. Tout à coup il jeta des cris de douleur.

Le sable recouvrait de la chaux en dissolution, et le petit garçon s'était brûlé le bout des doigts.

Aux cris de l'enfant, Mme Richard accourut dans le verger. Informée de l'accident, elle emmena Ernest dans le cabinet de son mari. Celui-ci appliqua de l'huile camphrée sur les doigts endoloris et les enveloppa d'un linge blanc.

— Voilà qui est fait, dit M. Richard : demain, il n'y paraîtra plus.

— Je vous ai désobéi, mon oncle, et j'ai été puni de ma désobéissance, avoua le petit garçon.

— Cela devait être. Crois-tu donc que c'est

pour contrarier les enfants qu'on leur interdit certaines choses?

— Il ne recommencera plus, dit Alice, qui avait suivi son frère et voulait atténuer sa faute.

— Je le crois sans peine, répliqua l'oncle Richard en riant : chat échaudé craint l'eau froide.

— J'ignorais que le mortier fût brûlant, fit observer le petit garçon.

— Le mortier n'est point brûlant. C'est la chaux qui est brûlante; elle dégage une forte chaleur, quand on la mouille.

— Qu'est-ce que c'est que la chaux, papa? demanda Marie.

### La chaux.

— La *chaux* est une espèce de pierre qui a subi l'action du feu et qui, étant mouillée, se fond et tombe en poussière. Cette poussière, mêlée à du gravier plus ou moins fin, produit le *mortier* que tu connais.

— En ce cas, je puis obtenir de la chaux en faisant rougir mes billes et en les mouillant, dit Ernest.

— Non. Il n'y a que certaines pierres qui possèdent cette propriété : ce sont les pierres dites *calcaires;* elles sont très communes.

— Je croyais que toutes les pierres étaient les mêmes, fit Alice.

— Tu sais pourtant que les moellons à bâtir ne ressemblent pas au cristal de tes pendants d'oreilles.

— C'est vrai, répondit la petite fille; cela prouve que je ne m'y connais guère. Si cela ne vous ennuie pas trop, mon bon oncle, faites-nous connaître les différentes espèces de pierres, ajouta-t-elle.

L'oncle Richard, qui ne refusait jamais

de répondre aux questions des enfants studieux, fit un signe affirmatif et dit :

— Puisque Ernest ne peut jouer, à cette heure, et que j'ai quelques instants de loisir, causons. Marie, offre une chaise à ta cousine et à ton cousin, nous allons faire un petit voyage dans l'intérieur de la terre, sans quitter la chambre et les pieds sur les chenets.

### La pierre.

La *pierre*, mes enfants, est le minéral le plus répandu dans la nature ; on le trouve en masses incalculables dans le sein de la terre, et il forme, en s'élevant au-dessus du sol, cette multitude de montagnes qui couvrent une partie du globe. Quelques-unes de ces montagnes, telles que les Cordillères des Andes et les monts Himalaya, dépassent 8,800 mètres de hauteur.

Une multitude de montagnes qui couvrent une partie du globe terrestre.

Les pierres ne sont pas toutes colossales. On en trouve d'infiniment petites, si petites que cent mille pourraient tenir dans un dé à coudre. Telles sont les pierres qui, sous le nom de *sable*, remplissent les vastes déserts d'Asie et d'Afrique et tapissent les profondeurs des océans. Malgré sa taille microscopique, le grain de sable est une pierre aussi complète que les géantes dont je viens de vous parler.

Il en est de même du gravier que les dragueurs vont péniblement extraire du lit de nos rivières, pour mêler à la chaux ou pour établir des routes.

Vous le voyez, mes chers enfants, la pierre occupe une grande place sous le soleil.

Les pierres sont de nature et de consistance très diverses : les unes sont fragiles au point de s'écraser sous les doigts, et certaines autres sont tellement dures que l'acier le mieux trempé ne saurait les entamer. De tous les minéraux ce sont les pierres qui contiennent les corps les plus durs.

— Qu'appelez-vous minéraux, papa? je ne comprends pas ce mot, dit la petite Marie.

— Ne sais-tu pas qu'il y a dans la nature trois sortes de créations fort distinctes et qu'on ne peut confondre : les *animaux*, les *végétaux*, les *minéraux?*

Les animaux sont doués de sensibilité, de mouvement et de volonté; ils naissent, vivent et meurent. Ils possèdent des organes propres à leur genre d'existence et forment ce qu'on appelle le RÈGNE ANIMAL.

Les végétaux sont dépourvus de sensibilité et de mouvements volontaires, mais ils naissent, vivent et meurent. Ils possèdent tous les organes propres à leur genre d'existence et forment le RÈGNE VÉGÉTAL.

Les minéraux sont des corps bruts qui ne vivent pas, qui sont dépourvus de tout organe : ils forment le RÈGNE MINÉRAL.

Ces trois règnes peuvent se résumer en deux sections :

Les *corps organisés* et les *corps inorganisés*.

Les deux premiers règnes constituent les corps organisés.

Le troisième comprend tout ce qui est dépourvu d'organes.

Nous ne nous occuperons que de ces derniers.

Les minéraux sont formés par l'assemblage de molécules de même nature ou provenant de la décomposition d'autres corps.

Les minéraux peuvent donc s'accroître, durer et se désagréger. Ils n'ont rien à faire pour cela. Ils subissent l'influence de la chaleur, de l'air, de l'eau, de l'électricité, sans éprouver la moindre sensation.

Cependant, comme dans ce monde tout change et se modifie, la matière brute n'est pas complètement inerte, car l'inertie absolue ne peut se concevoir. Si la matière brute ne possède aucune volonté qui lui soit propre, elle obéit à la loi mystérieuse qui régit tous les corps : à la loi d'*attraction*.

La matière, d'après cette loi, rapproche ses molécules suivant leur affinité et prend forme et volume avec l'aide d'autres corps.

— Mon ami, fit observer la mère de famille en interrompant le narrateur, votre langage, ce me semble, est au-dessus de la portée de ces enfants. Vous venez d'employer plusieurs expressions dont ils ne comprennent pas le sens, j'en suis convaincue. Quand ils lisent un ouvrage et qu'un mot les embarrasse, ils consultent le dictionnaire et se renseignent; mais quand ils entendent parler, ils ne peuvent recourir à ce moyen.

— Votre observation est très judicieuse, répondit M. Richard. J'autorise ces enfants à m'interroger chaque fois qu'ils ne comprendront pas mes paroles, car je ne puis me dispenser d'employer certains mots techniques qui n'ont pas d'équivalent. D'ailleurs ma nièce et mon neveu sont déjà grandelets; ils commencent à s'intéresser aux questions scientifiques qui ont pour eux l'attrait de la nouveauté. Ils ressemblent aux voyageurs qui abordent un pays étranger. Ces voyageurs ne comprennent pas toujours la langue qu'on y parle, mais ils peuvent du moins en retenir quelques mots et saisir l'ensemble du paysage.

Donc, mes amis, ne craignez pas de me

questionner et demandez-moi toutes les explications qu'il vous plaira.

— Que veut dire *molécules?* dit aussitôt
Ernest.

— On appelle *molécules* les parcelles les
plus menues d'un corps. La réunion, l'asso-
ciation d'un nombre incalculable de molécules
forment des masses plus ou moins serrées et
plus ou moins considérables. La poussière
qui tombe sur nos meubles est composée de
molécules de matières diverses. Ces molécules sont peu visibles quand elles flottent
dans l'air; mais elles se voient fort bien lorsque, réunies en couche épaisse, elles couvrent
nos livres et nos habits.

Si, par l'influence de l'air, de la chaleur, de
l'humidité, les molécules qui composent cette
poussière se soudaient entre elles — ce qui
arrive souvent sur les objets en porcelaine —

elles formeraient alors une crasse dure et compacte qu'il faudrait enlever avec un couteau. Cette crasse durcie n'est que l'assemblage de molécules. Eh bien, il en est de même de tous les corps bruts, ils sont tous formés par *l'agrégation*, c'est-à-dire par la réunion de molécules semblables ou ayant entre elles de l'affinité.

Ceci m'amène à vous parler de *l'attraction*, qui est de l'hébreu pour vous, comme, au fond, pour tout le monde d'ailleurs.

On ne connaît pas les causes de l'attraction, mais on en connaît les effets.

L'ATTRACTION est une puissance en vertu de laquelle deux molécules de matière tendent à se rapprocher, à se porter l'une vers l'autre et à se réunir.

— Comme l'aimant attire le fer, dit Alice.

— C'est bien cela. L'attraction exerce sa

puissance sur tous les corps, quels que soient leur nature, leur volume et leur éloignement. Elle joue un rôle extrêmement important dans l'univers et porte différents qualificatifs en rapport avec les corps soumis à son influence.

Appliquée aux minéraux, elle prend le nom d'*attraction moléculaire*. Elle ne se manifeste qu'à de petites distances.

L'attraction se nomme *force de cohésion* — c'est-à-dire qui unit et qui retient ensemble — quand elle attire des molécules de même nature.

Elle s'appelle *affinité* quand elle assemble et unit des molécules de matières différentes.

Ceci expliqué, continuons notre voyage.

## LES MINÉRAUX.

Les minéraux, étant de nature différente, ont été divisés en quatre classes : 1° les GAZ;

2° les COMBUSTIBLES; 3° les MÉTAUX; 4° les PIERRES.

## Les gaz.

On appelle *gaz* les corps élastiques dont les molécules sont tellement séparées les unes des autres qu'elles sont invisibles. Ils ont avec les liquides la propriété d'être constitués de particules qui sont pour ainsi dire indépendantes les unes des autres. C'est cette propriété qui permet au liquide de couler, d'où lui vient le nom de *fluide*.

Un assez grand nombre de corps se présentent sous trois états : ils sont solides, liquides ou gazeux. Nous en avons un exemple dans l'eau qui, liquide à la température ordinaire, devient bloc de glace quand la température s'abaisse et vapeur quand la température s'élève.

Il est rare qu'un corps ne se présente que sous un seul état.

Il y a beaucoup de substances qu'on peut obtenir à l'état gazeux sans que pour cela ce soient des gaz proprement dits. On réserve ce mot aux corps qui sont gazeux dans les conditions ordinaires de température.

Les *gaz proprement dits* sont peu nombreux dans la nature : on en compte une quarantaine.

Plusieurs de ces gaz sont dits *permanents*, parce que, jusqu'à ces derniers temps, on n'avait pu les liquéfier ni les solidifier.

Les principaux sont : l'*hydrogène*, l'*oxygène* et l'*azote*.

— Voilà par exemple des mots que je ne comprends pas du tout, dit Alice; qu'est-ce que c'est que l'hydrogène , l'oxygène et l'azote?

— Je viens de te le dire, ce sont des gaz permanents.

— Ils ont de drôles de noms.

— Tâche de les retenir. Ces mots sont fréquemment employés dans le langage scientifique : car ce sont des corps simples, des éléments, comme on disait autrefois : ils entrent dans la plupart des composés chimiques.

— Je croyais qu'il n'y avait que quatre éléments, dit Ernest : l'air, la terre, l'eau et le feu?

— Jadis on donnait, en effet, le nom d'éléments aux quatre substances dont tu viens de parler, parce qu'on croyait que c'étaient des corps simples. Or les trois premières sont des corps composés et la quatrième n'est pas un corps.

— Qu'appelle-t-on *corps simples?* demanda la petite Marie.

— On appelle *corps simples*, les corps dont on ne peut tirer qu'une seule et même matière, quelles que soient les opérations auxquelles on les soumette : ce sont de véritables éléments qui servent à composer les autres corps et qui ne sont pas composés eux-mêmes.

Le nombre des corps simples actuellement connus s'élève à 65. Le nombre des corps composés est illimité.

Ces 65 corps simples sont loin d'avoir le même degré d'importance, et quelques-uns sont à peine étudiés ; il n'en est pas de même de l'hydrogène, de l'oxygène et de l'azote. Ces trois derniers jouent un rôle très important dans la nature, car ils entrent dans la composition de la plupart des autres corps : l'air que nous respirons, l'eau que nous buvons, les plantes et les animaux que nous mangeons, sont composés en tout ou en partie des trois éléments, des trois principes fondamentaux que je viens de vous faire connaître et auxquels il convient d'ajouter le *carbone*, dont je vous parlerai tout à l'heure.

### Les combustibles.

Les *combustibles* forment la seconde classe des minéraux.

Ils comprennent toutes les matières inflammables et sont divisés en cinq genres : les *charbons fossiles*, les *bitumes*, les *résines fossiles*, les *sels organiques*, les *soufres*.

— Nous en connaissons plusieurs, dit Alice, la houille et le coke, par exemple.

— Le coke ne se trouve pas dans la terre, répliqua Ernest.

— D'où vient-il alors? demanda la jeune fille.

Il se fait dans de vastes établissements appelés usines a gaz.

— On le fabrique.

— Quelle idée ! Est-ce qu'on peut fabriquer des choses naturelles ?

— Certainement. Le coke se fait dans les usines à gaz, tu le sais bien. Ne voyons-nous pas chaque jour des chargements de coke sortir de l'usine qui est sous nos fenêtres : en as-tu jamais vu entrer ?

— L'usine n'a pas qu'une issue.

— Vous avez raison l'un et l'autre, mes enfants, dit l'oncle Richard en interrompant cette discussion. L'homme ne peut rien créer ni rien anéantir, mais il peut modifier et transformer la plupart des matières qu'il trouve dans la nature. Au cas particulier, il sépare la houille de ses composés en la faisant carboniser, et il en obtient le coke qui n'est autre chose qu'une scorie de houille.

— Qu'est-ce que c'est que la houille?
demanda Marie.

### La houille.

— La *houille*, ou *charbon de terre*, est
une substance minérale charbonneuse et bitu-
mineuse qui se trouve en couches épaisses
dans le sein de la terre. Pour l'obtenir on est
obligé de creuser dans le sol des trous qu'on
appelle puits de mine, jusqu'à ce qu'on rencontre le terrain houiller.

C'est par ces puits, qui peuvent avoir des
centaines de mètres de profondeur, que des-
cendent les ouvriers mineurs; et c'est par là
qu'on ramène à la surface du sol les mor-
ceaux de houille que ces mineurs vont arra-
cher à la terre.

A force d'enlever des blocs de houille, on
finit par former des vides. Ces vides qui sont

consolidés par des pièces de charpente,
prennent le nom de *galeries* et servent de
chemin.

Comme il fait nuit dans ces galeries souterraines, les ouvriers pour s'éclairer portent
une lanterne spéciale accrochée à leur coif-
fure.

Le travail des mineurs est extrêmement
pénible. C'est tantôt courbés tantôt couchés
qu'ils arrachent le minéral à coups de pic.
Cette houille étant détachée est conduite sur
de petits chariots auprès de l'ouverture de la
mine et, finalement, hissée au dehors à l'aide
de larges câbles qui s'enroulent sur des cy-
lindres.

Dans ces galeries souterraines vit toute une
population ouvrière qui ne voit la clarté du
jour qu'une fois par semaine.

Dans certaines mines d'Angleterre les

enfants eux-mêmes sont occupés et traînent les petits chariots.

— L'existence de ces mineurs ressemble passablement à celle de la taupe, fit observer la petite Marie.

— Avec cette différence que la taupe vit dans son milieu naturel, tandis que l'homme est fait pour voir le ciel en face. Les ouvriers que la nécessité condamne à ce rude labeur, ne sont pas seulement privés du bienfaisant soleil, ils ont encore à redouter le gaz inflammable auquel on a donné le nom de *grisou* et dont l'explosion peut les asphyxier ou les brûler en moins de quelques instants.

— Quel horrible métier! s'écria l'enfant tout émue.

— Tu vois, ma fille, au prix de quels sacrifices s'achètent les choses les plus vulgaires, dit la mère de famille, et combien sont estimables les courageux ouvriers qui risquent leur vie pour nous procurer le bien-être.

— Rien ne s'obtient sans peine et tout métier a ses périls plus ou moins directs, ajouta le narrateur; c'est pourquoi il faut s'accoutumer dès l'enfance au travail, qui seul donne l'énergie nécessaire pour les combattre. Aussi rien ne m'attriste plus que de voir certaines petites filles de ma connaissance bouder quelquefois devant le travail.

Marie, qui était un peu négligente, rougit sous le regard de son père.

— Ces petites filles se corrigeront, j'en ai l'assurance, dit la mère en souriant à Marie : revenons à la houille.

— La houille, étant sortie de la mine, est transportée dans toutes les directions; les voitures, les wagons, les bateaux, la distri-

Les wagons et les bateaux la transportent dans toutes les directions.

buent dans les usines et dans les magasins, où les consommateurs vont l'acheter.

Comme combustible, aucune substance n'est plus économique que la houille, — la tourbe exceptée. — Elle s'enflamme aisément et dégage beaucoup de chaleur. C'est le moyen de chauffage le plus employé. Les artisans en font un usage presque exclusif et les industriels ne consomment pas autre chose dans leurs fourneaux.

Ce combustible sert également à chauffer les églises, les ateliers, les casernes et les corps de garde où les soldats veillent pour assurer notre sécurité.

— Vous avez parlé de tourbe : qu'est-ce que c'est que cela, demanda Alice ? c'est la première fois que j'entends prononcer ce nom.

— La *tourbe* est une substance spongieuse et combustible, de couleur brune ou noirâtre.

Elle est formée par l'accumulation de matières végétales et se trouve à fleur du sol : c'est de la houille en formation.

La tourbe est fort commune dans les contrées marécageuses et l'extraction en est aisée, car, étant à fleur du sol, on l'enlève presque aussi facilement qu'on enlève les mottes de terre. Une fois desséchée, cette substance brûle fort bien et rend de grands services aux pauvres gens du pays, qui n'ont souvent pas d'autres moyens de chauffage.

— La tourbe devrait alors s'appeler charbon de terre et la houille charbon de pierre, fit remarquer l'enfant.

— Ton observation serait juste si la houille provenait de la pierre, mais elle n'en a que l'apparence : primitivement, la houille était du bois. En demeurant enfouie durant des milliers d'années et en s'imprégnant de matières grasses et bitumineuses, ce bois a changé de nature et a pris la consistance que tu lui connais.

— Tu vois, Alice, que l'oncle ne parle pas de mines de coke, fit Ernest d'un petit air moqueur.

La jeune fille ne répondit pas à la taquinerie de son frère; s'adressant à M. Richard, elle lui dit :

— Vous venez de nous apprendre que le coke est de la houille carbonisée : comment se fait-il que cette houille, au lieu de se transformer en cendres, ainsi qu'elle le fait en brûlant dans les fourneaux, se change en coke et que ce coke brûle si bien dans les cheminées?

— Pourquoi se donne-t-on la peine de fabriquer le coke : c'est de la chaleur perdue, ajouta sa cousine.

— Je vais répondre à votre double question, mes chères petites...

Tout à l'heure, en vous parlant des corps gazeux, je vous ai dit que les gaz étaient des fluides qu'on ne voit pas, mais dont on ressent les effets : ainsi l'air que nous respirons est invisible. Ce qui ne l'empêche pas de nous enlever notre chapeau et de nous faire tomber des tuiles sur la tête lorsqu'il est fortement agité. Les émanations qui se dégagent de certains corps ne se voient pas davantage : nous sentons le parfum des fleurs sans le voir, de même sentons-nous l'odeur qui nous oblige à nous boucher le nez quand nous passons auprès d'un égout.

Plusieurs de ces émanations invisibles ayant la propriété de s'enflammer aisément, on a trouvé le moyen d'utiliser le plus subtil de tous et de le faire servir à l'éclairage des villes.

Seulement, sa flamme étant assez pâle, on est obligé de lui associer un autre corps qui lui fournit les éléments propres à l'aviver et à augmenter de beaucoup son éclat.

Ce gaz, vous le connaissez déjà : c'est l'hydrogène. Le corps qui lui vient en aide, c'est le carbone.

— Que nous ne connaissons pas encore, fit observer la jeune personne.

— Je vais vous en parler ; chaque chose arrivera à son tour, répliqua le maître du logis.

— L'air est un gaz aussi, n'est-il pas vrai, papa? dit Marie.

— N'as-tu pas entendu ce que ton papa vient de raconter à propos de l'air agité qui fait tomber des tuiles sur la tête des passants? répliqua un peu vivement le petit garçon en s'adressant à sa jeune cousine.

La mère de famille prit alors la parole :

— Les enfants de votre âge, dit-elle, sont excusables lorsqu'ils ne comprennent pas du premier coup les renseignements qu'on leur donne sur des sujets aussi compliqués. Mon mari ne vous parle de ces choses que pour vous familiariser avec des mots scientifiques que vous entendrez bientôt à l'école, et qui vous paraîtraient étranges, si vous ne les connaissiez pas d'avance. C'est pourquoi vous ne devez pas craindre de le questionner chaque fois qu'un de ces termes vous semblera obscur ; faites mieux, notez ce mot sur votre calepin. A la fin de cette causerie, nous en chercherons ensemble l'explication dans le dictionnaire.

— Oui, bonne tante, s'écria Ernest. Je vais prendre des notes, comme font les étudiants qui vont au cours avec un grand portefeuille sous le bras.

— Voilà qui est entendu, fit M. Richard. Maintenant, si vous le permettez, je vais continuer mon petit discours et répondre à ma fille. Je vais lui indiquer la composition de l'air et de l'eau ; après quoi nous reviendrons au gaz d'éclairage.

### Composition de l'air.

L'air que nous respirons est un fluide élastique et invisible. Il est composé du mélange de deux gaz : l'azote et l'oxygène.

L'azote entre pour plus des trois quarts dans la composition de l'air. L'oxygène y entre pour un peu moins d'un quart.

### Composition de l'eau.

L'eau que nous buvons est un liquide incolore, sans odeur ni saveur, quand il est pur. Il est composé par la combinaison de deux gaz : l'oxygène et l'hydrogène. L'oxygène entre pour les huit neuvièmes dans la composition de l'eau ; l'hydrogène pour un neuvième seulement.

— Mon oncle, dit Alice, en attendant que le professeur nous instruise, vous plairait-il de nous apprendre quelles sont les propriétés de ces gaz qui nous paraissent très importants et que nous ne connaissons encore que de nom?

— Volontiers, chère enfant ; si tu peux retenir quelque chose de mes explications, ce sera autant de gagné.

### Hydrogène.

L'HYDROGÈNE est un gaz permanent, sans odeur, ni saveur, ni couleur. Il est remarquable par son extrême légèreté ; c'est le gaz le plus subtil que l'on connaisse ; il est quatorze fois et demi plus léger que l'air atmosphérique.

Il traverse tous les corps inpénétrables aux autres gaz. Il est impropre à la respiration, mais n'est pas délétère, c'est-à-dire pas nuisible. Il est essentiellement inflammable et cependant il ne peut entretenir la combustion. Nous venons de voir que l'hydrogène entre dans la composition de l'eau dont il est la base. Il contribue à la constitution de la matière organisée des végétaux et des animaux. Il entre en combinaison avec la plupart des autres corps. En brûlant, il se combine avec l'oxygène et produit de l'eau.

On obtient l'hydrogène en décomposant l'eau et en l'isolant de l'oxygène, avec lequel il se trouve associé.

L'hydrogène est employé pour fondre les métaux les moins fusibles. On le fait servir à l'éclairage des villes.

### Oxygène.

L'oxygène est un gaz permanent sans odeur, ni couleur, ni saveur : on l'appelait autrefois air vital, air respirable. Ce gaz active la combustion et fait que l'air entretient notre vie. Un animal plongé dans ce gaz y respire d'abord avec une grande facilité ; mais comme ce gaz est trop énergique, il produit bientôt une vive irritation dans les poumons qui peut déterminer des accidents très graves.

Ce gaz est si actif qu'il rallume une bougie que l'on vient de souffler et qu'il enflamme le bois, pourvu qu'il reste sur ces objets un seul point en feu. L'oxygène comprimé brusquement dans un corps de pompe produit assez de chaleur pour enflammer les matières grasses qui s'y trouvent en suspension et devenir lumineux.

L'oxygène est l'un des gaz les plus précieux
et le plus répandu dans la nature. C'est le
principe générateur de la flamme. Il forme le
cinquième de l'air respirable et les huit neuvièmes de l'eau. Il entre dans la majeure
partie des substances organiques et minérales.

### Azote.

L'AZOTE est un gaz permanent sans odeur,
ni couleur, ni saveur. Il possède les propriétés
contraires à celles de l'oxygène : il éteint les
corps enflammés et asphyxie les animaux, car
il est impropre à la respiration. Cependant il
entre pour 79 centièmes dans la composition
de l'air atmosphérique. Il joue dans cette
combinaison le rôle de modérateur ; il tem-
père l'action trop énergique de l'oxygène

sur les poumons ; sans l'azote, on vivrait beaucoup trop vite : on brûlerait.

Ce gaz inerte entre dans presque toutes les

L'AZOTE SE DÉGAGE DES TERRAINS VOLCANIQUES.

substances animales et végétales, dont il est un des éléments essentiels. L'azote se dégage quelquefois des fentes de la terre dans les phénomènes volcaniques. Il asphyxie parce qu'il est impropre à la respiration, mais il n'est pas nuisible par lui-même, comme tant d'autres gaz.

L'azote seul n'est d'aucun usage industriel, mais combiné avec d'autres corps il forme plusieurs acides utilisés dans les arts.

Telles sont, mes amis, les propriétés des trois principaux gaz permanents.

A cette heure, il est temps de vous présenter le carbone, principe du charbon et l'un des principes des êtres organisés.

### Le carbone.

Le CARBONE est un corps simple sans odeur ni saveur. Il se rencontre en quantité considérable dans les charbons, mélangé mais non combiné à des matières étrangères. Il ne se présente à l'état pur que dans le diamant et le graphite.

Les charbons se divisent en deux classes :
La première renferme les *charbons natu-rels ;* la seconde les *charbons artificiels.*

Parmi les charbons naturels il faut citer :

1° Le *diamant*, qui est le plus dur de tous les corps ; il les raye tous sans être rayé par aucun et ne peut être usé que par sa propre poussière ;

On trouve les diamants dans les sables, au Pérou, au cap de Bonne-Espérance, dans l'Inde, etc. ;

2° Le *graphite*, que l'on désigne aussi sous le nom de *mine de plomb* et de *plomba-gine*, bien qu'il ne contienne pas un atome de plomb ;

Le graphite est une substance noire, onc-tueuse au toucher et très tendre. Il se trouve dans le sein de la terre, en Autriche, dans les Pyrénées et principalement en Angleterre ;

Le graphite sert à la fabrication des crayons à dessiner ;

3° L'*anthracite*, matière noire et sèche au toucher. Elle s'allume difficilement, mais lorsqu'elle brûle, elle dégage une très forte chaleur qu'on utilise dans les usines métallurgiques ;

Les principales mines d'anthracite se trouvent aux États-Unis d'Amérique, en Angleterre et dans quelques départements français ;

4° Le *lignite*, substance charbonneuse qui tient le milieu entre la tourbe et la houille ; tantôt il conserve la structure fibreuse du bois, tantôt il présente l'aspect et la compacité de la houille la plus dure. On le trouve dans plusieurs contrées de l'Europe ;

5° Le *jais* ou *jayet*, variété de lignite, se rencontre dans les mêmes gisements. C'est le plus dur des charbons après le diamant. Il peut être travaillé à la meule et recevoir un beau poli. On en fabrique des boutons, des grains à facettes et des bijoux de deuil;

6° La *tourbe*, déjà mentionnée;

7° La *houille*, dont je vous ai longuement parlé et dont les principales mines se trouvent en Angleterre, en Belgique, dans la Prusse rhénane et en France.

Les principaux charbons artificiels sont :

1° Le *charbon de bois*. Il s'obtient en faisant calciner des branches d'arbres à l'abri de l'air. Son usage vous est connu. Il sert à faire cuire les aliments et à chauffer les outils. Réduit en poussière, il est employé pour filtrer les eaux croupies, désinfecter les fosses d'aisances et transformer le fer en acier ;

2° Le *charbon animal*. Cette substance provient de la calcination en vase clos d'os et de sang desséché. On l'utilise pour décolorer les sirops ;

3° Le *noir de fumée*. Il résulte de la combustion incomplète des matières grasses et des résines. C'est la matière noire qui se fixe sur l'objet qu'on place au-dessus d'une bougie allumée. Elle est employée pour la peinture et pour la fabrication des encres d'imprimerie ;

4° Le *coke*.

Les combustibles domestiques, tels que le bois, la houille, la tourbe, le charbon de bois, le coke, doivent leur puissance calorique au carbone et à l'hydrogène qu'ils contiennent, mais surtout au carbone. Lorsqu'un combustible brûle sans flamme dans nos foyers, c'est qu'il ne contient plus que du carbone. Il se combine alors avec l'oxygène de l'air atmosphérique pour former le gaz *acide carbonique ;* ce gaz est incolore, presque sans odeur, mais il a une saveur aigrelette et piquante quand il est dissous.

L'ACIDE CARBONIQUE éteint les corps en combustion et asphyxie les animaux. Quand l'air des appartements contient plus de 30 pour cent d'acide carbonique, il cesse d'être respirable. C'est pourquoi il est dangereux d'allumer du charbon de bois dans une cuisine peu spacieuse.

Cet acide, si nuisible aux animaux, est favorable aux plantes ; c'est la source où elles puisent la presque totalité de leur carbone. Cet acide existe tout formé dans la nature. Il entre dans la composition des pierres dites calcaires ; on le rencontre dans un grand nombre d'eaux minérales. Il se dégage des matières végétales qui fournissent des matières charbonneuses en combustion ; il se dégage aussi des fissures du sol volcanique de certaines contrées.

Je ne vous parlerai pas des autres matières combustibles, telles que le soufre et les résines, etc., cela nous entraînerait trop loin [1]. Je me borne à vous répéter que tous les combustibles inflammables connus, ceux surtout qui sont propres à l'éclairage, ont pour bases essentielles l'hydrogène et le carbone.

### Le gaz d'éclairage.

Ceci me ramène à la fabrication du gaz d'éclairage.

Je vous disais à ce propos qu'on ne fait généralement pas brûler la houille dans le but d'obtenir du coke, du moins dans notre pays; on la fait brûler parce qu'elle est riche en

1. Voir le volume de la collection : *Voyage dans un tiroir.*

hydrogène et en carbone et qu'on obtient par la distillation sèche de cette matière un gaz inflammable et éclairant, qu'on appelle *hydrogène carboné*. Ce gaz, après qu'il a été épuré, est recueilli en d'énormes réservoirs bien clos, nommés *gazomètres*. A ces réservoirs sont adaptés des tuyaux à robinets qui sont en communication avec d'autres tuyaux souterrains; sur ces derniers s'embranchent une foule d'autres tubes qui vont porter le gaz dans toutes les directions et jusque dans les appartements; à ces tubes sont adaptés des becs de cuivre percés d'un petit trou et munis d'un robinet. Il suffit de présenter une bougie allumée pour enflammer subitement le gaz qui s'échappe par la petite ouverture du bec.

On pourrait employer des huiles, des graisses, des résines à la place de houille : car ces matières sont riches en hydrogène et en carbone; mais elles sont d'un prix trop élevé. On leur préfère la houille parce que le coke, résidu de la fabrication, est un excellent combustible dont la vente couvre presque le prix d'achat de la houille. Les autres produits qu'on retire de cette distillation sont recherchés dans l'industrie.

C'est l'ingénieur français Philippe Lebon qui, en 1785, a imaginé le mode d'éclairage par le gaz.

— Mon oncle, je ne m'explique pas encore comment la houille peut se transformer en coke, dit Alice.

— Veux-tu donc apprendre à fabriquer le gaz d'éclairage? répondit M. Richard en riant.

— Non, je désire seulement savoir pourquoi la houille ne tombe pas en cendres dans les usines à gaz.

— Je vais te l'apprendre.

Arrivée dans les usines à gaz, la houille est d'abord concassée, puis introduite dans des *cornues* en fonte d'un hectolitre et demi de capacité ; ces cornues sont ensuite hermétiquement fermées. A l'une des extrémités de ces cornues est placé un tuyau montant qui sert de porte de sortie aux gaz qui doivent s'échapper de la houille ; on place ces cornues au nombre de 5 ou de 7 dans un foyer spécialement construit à cet usage ; on allume le foyer, on chauffe les cornues jusqu'au rouge cerise et tout est dit. Sous l'action de la chaleur, la houille enfermée dans les cornues se boursoufle, abandonne, avec ses gaz, les matières grasses et les sels qu'elle renferme, devient sèche et poreuse. Comme elle est privée d'air, sa carbonisation est incomplète : au lieu de se transformer en cendres, elle demeure sous la forme d'un charbon rugueux et d'aspect métallique auquel on a donné le nom de *coke*.

— Merci, mon oncle, je sais ce que je voulais savoir.

— Ce que tu ne sais pas, sans doute, c'est qu'après la distillation de la houille il reste dans la cornue, outre le coke, un résidu noir et visqueux que les Anglais nomment *coaltar* et que nous appelons *goudron de houille*.

### Le goudron de houille.

Ce goudron de houille, distillé à son tour, fournit plusieurs liquides précieux, entre autres, l'*aniline* et la *fuchsine*, qui ont la propriété de teindre les étoffes et de colorer les liquides en rose, en rouge et en violet.

C'est avec la fuchsine que certains vignerons peu consciencieux colorent les vins trop pâles.

De la distillation du goudron de houille, on extrait aussi un produit désinfectant bien connu dans les hôpitaux et dans les ambulances. Ce produit, appelé *phénol* ou *acide phénique*, purifie l'air des salles où gisent les pauvres malades et enlève l'odeur désagréable qui s'échappe de certains lieux.

On tire également de ce goudron un autre agent que les pharmaciens débitent sous le nom de *créosote*.

— On m'a mis de ce liquide sur une dent malade et je n'ai plus souffert, dit Marie.

— La créosote, appliquée sur les coupures, arrête l'hémorrhagie. Elle combat avec succès le venin des serpents.

— Ces méchants animaux qui vous piquent avec le dard qui leur sort toujours de la bouche, ne sont pas communs en France, n'est-il pas vrai, papa?

— Nous n'avons à redouter que la vipère, dont la morsure est chez nous rarement fatale.

Ce n'est pas comme celle de la vipère Naja de l'Inde, du trigonocéphale du même pays et des crotales, autrement appelés serpents à sonnettes, qui habitent les deux Amériques.

La morsure de ces reptiles est presque toujours mortelle. — Remarque que j'ai dit morsure et non piqûre. — Les serpents ne piquent pas avec un dard, comme tu le supposes; leur langue fourchue, qu'ils sortent avec tant de vivacité, n'est point dangereuse. Ce qui est redoutable, ce sont les deux dents qu'ils portent à l'extrémité de la mâchoire supérieure ; ces dents, nommées crochets, sont creuses et mobiles. Lorsqu'elles pénètrent dans les chairs, elles y déposent une goutte de venin et ce poison, si l'effet n'en est arrêté à temps, vous ôte la vie.

— C'est affreux! s'écria la petite fille en levant les bras.

Ce geste mit à découvert le dessous de

manche de son caraco et laissa voir une tache

de graisse.

— Ma fille, lui dit sa maman, qui remarqua

cette tache, vous savez que je ne tolère pas la négligence qui va jusqu'à la malpropreté : allez chercher de la benzine et enlevez cette souillure au plus vite.

L'enfant alla prendre un flacon rempli d'un liquide incolore et s'en servit pour nettoyer son vêtement.

— C'est absolument de cette manière que les dégraisseurs remettent à neuf les étoffes salies, dit le père en regardant opérer sa fille.

Tu ignores sans doute que cette *benzine*, avec laquelle tu fais disparaître la preuve de ta nonchalance, t'est fournie par la houille?

De même que l'aniline, la fuchsine, la créosote, le phénol, etc., la benzine s'obtient par la distillation du goudron de houille.

De cette matière noire, visqueuse et fétide on est encore parvenu à extraire des essences aromatiques de saveur agréable, qui servent

à parfumer les savons de toilette et dont certains confiseurs font usage, pour remplacer
dans les bonbons et les sorbets le jus de poires,
de pommes et d'ananas.

Toutes ces découvertes sont récentes et il
est probable que les chimistes sauront tirer de
nouvelles richesses de ce précieux minéral.

— Le grisou, dont vous parliez tout à
l'heure et qui est si terrible, appartient alors
à la catégorie des gaz inflammables?, dit
Ernest.

— C'est à peu près le même que celui qui
sert à l'éclairage.

Or un volume de gaz, mélangé avec sept ou
huit volumes d'air, s'enflamme et détone au
contact d'une bougie allumée. La commotion
qu'il produit est si violente qu'elle peut lan-
cer les mineurs contre les parois des galeries
ou déterminer des éboulements qui les écra-

sent. Les explosions de gaz qui éclatent encore trop souvent dans les ateliers, les magasins, etc., et qui occasionnent parfois des malheurs irréparables, n'ont pas d'autre cause.

LE TERRIBLE GAZ APPELÉ GRISOU.

— C'est bien sûr ce même gaz que l'on sent quand on se promène le soir dans le passage des Panoramas, dit Alice.

— C'est lui avec beaucoup d'autres : car il y a quantité d'émanations de nature fort différente qui se répandent dans l'air et le vicient. Les chairs corrompues, les végétaux

pourris, les marais, les égouts, les fosses d'aisances, les fumiers, les fleurs cueillies, etc.,
laissent échapper des exhalaisons nuisibles à
la santé. Il y a de ces gaz qui peuvent asphyxier les animaux en quelques heures et
même instantanément. Le charbon, la braise
de houille, le coke, etc., dégagent, en brûlant,
une certaine quantité de gaz acide carbonique
qui détermine de graves accidents et parfois
la mort. C'est pourquoi, mes enfants, il faut
tâcher de conjurer de notre mieux ces enne-
mis, qui sont d'autant plus perfides qu'ils sont
invisibles; nous avons déjà assez des miasmes
répandus dans l'atmosphère de nos grandes
villes sans en augmenter le nombre et sans
les localiser dans nos appartements.

— Comment peut-on les éviter, puisqu'ils
sont insaisissables? dit Ernest.

— En observant les lois de l'*hygiène*.

### L'hygiène.

On entend par *hygiène* les lois qui ont pour but la conservation de la santé. Les municipalités veillent à l'hygiène publique et éloignent de nous les foyers de corruption, mais leurs prescriptions ne peuvent s'étendre jusqu'aux domiciles particuliers : nous devons nous protéger nous-mêmes.

— Que faut-il faire pour cela?

— Beaucoup de choses, mais toutes choses faciles à exécuter. Il faut ne jamais allumer de braise et de charbon dans une chambre fermée. Ne pas tourner la clef des poêles à houille sous prétexte de modérer la chaleur : si l'on a trop chaud, on peut ouvrir la fenêtre. Il ne faut laisser aucun détritus de cuisine séjourner sous les éviers. On doit enlever des appartements les bouquets de fleurs naturelles quand

arrive la nuit, et bien clore la lunette des cabi-
nets d'aisances.

QUAND IL SOUFFLE EN TEMPÊTE OU QUE SOUS LE NOM DE TROMBE...

L'hygiène vous engage aussi à ne pas vous
reposer à l'ombre quand, après avoir couru
ou joué, votre corps est en transpiration. Elle

vous recommande particulièrement de ne jamais boire de liquide froid quand vous avez chaud, quel que soit le désir que vous en éprouviez, parce que les refroidissements subits provoquent toujours des accidents fâcheux.

Il y a encore beaucoup d'autres prescriptions hygiéniques ; vous apprendrez à les connaître en avançant en âge. Appliquez celles que je vous indique aujourd'hui ; elles sont à votre portée et faciles à suivre.

— Je m'explique maintenant pourquoi l'air des grandes villes, est moins pur que celui de la campagne, dit Ernest.

— A ce compte, on ne pourrait vivre dans les grandes villes, puisque l'air s'y corrompt si facilement, ajouta sa sœur.

— Tu dis vrai, ma nièce, l'atmosphère des villes serait bientôt irrespirable si le ventilateur général ne venait souvent le renouveler.

Ce bienfaisant agent, que nous maudissons parce qu'il se manifeste parfois avec brutalité et qu'il nous cause souvent de graves préjudices, cet agent travaille au bien-être universel sans se préoccuper des intérêts particuliers. Le vent, pour l'appeler par son nom, vient nous sauver de l'asphyxie : c'est lui qui disperse les miasmes et purifie l'atmosphère. Il fait payer cher ses services, quand il souffle en tempête ou que, sous forme de trombe, il arrache les arbres, fait crouler les maisons et couler les navires; mais ces manifestations violentes sont rares.

Le vent est sans cesse en mouvement, tantôt sur un point du globe tantôt sur un autre. Dans certaines zones, il demeure en permanence et produit ce qu'on appelle des courants atmosphériques.

Cependant, malgré sa fougueuse énergie,

4.

le vent ne peut rendre salubres certaines localités, parce qu'il se dégage constamment du sol des émanations pestilentielles. Ce sont généralement les terrains marécageux qui répandent ces effluves pernicieux. Dans notre pays, on évalue à 450 000 hectares l'étendue des surfaces occupées par les sols marécageux. La Sologne, une partie de la Bresse et les côtes de Charente sont affligées de ces foyers méphitiques.

De ces terrains se dégage parfois un gaz qui prend feu au contact de l'air et qui produit de petites flammes bleues qui s'allument et s'éteignent presque instantanément. Ce sont ces petites flammes, connues sous le nom de *feux follets*, qui effrayaient tant autrefois les bonnes gens de la campagne.

Ce gaz est à peu près inoffensif. Il n'en est pas de même de certaines autres éma-

Ces feux follets qui effrayaient tant autrefois...

nations telles que celles qui se produisent dans la grotte du Chien, par exemple. Cette grotte, située près de Naples, dégage un gaz mortel à qui le respire. Ce gaz, ne s'élevant pas à plus d'un mètre de hauteur, ne peut atteindre un homme debout, mais les animaux de petite taille qui pénètrent dans cette grotte y périssent aussitôt.

La vallée de Guevo-Upas, dans l'île de Java, qui, vous ne l'ignorez pas, est une des îles de la Sonde, offre un pareil phénomène : quiconque pénètre dans les bas-fonds de cette vallée n'en peut revenir.

— Heureusement que cette vallée n'est pas tout près d'ici !

— Quatre mille dix-sept lieues de mer nous en séparent.

— Les dangers se rencontrent dans tous les pays, fit observer la mère de famille, c'est pourquoi il faut avoir toujours la conscience pure, afin de pouvoir se présenter à toute heure et sans crainte devant le grand juge.

— Maintenant que nous avons parcouru les deux premières classes des minéraux, revenons à la quatrième, celle qui concerne la pierre. Je néglige la troisième, la classe des métaux, parce qu'elle est trop importante pour que je vous en parle aujourd'hui [1]; elle fera, si vous le voulez bien, l'objet de notre prochaine causerie.

Je vous disais donc que la pierre est le minéral le plus répandu dans la nature.

Comme bien vous pensez, les hommes ont su tirer parti des nombreuses qualités de la pierre et l'ont fait servir à leurs besoins. C'est avec elle qu'ils bâtissent les maisons et les édifices, depuis l'humble masure jusqu'aux

1. Voir le volume de la collection : *L'assiette cassée.*

superbes cathédrales qui élèvent dans les airs leurs flèches audacieuses. C'est avec la pierre qu'ils construisent les ponts, les digues, les bassins, les forteresses, et qu'ils établissent des voies de communication.

La bonne pierre à bâtir se trouve généralement dans le sol. Elle gît en couches épaisses ou bancs qu'on sépare à coups de pic. Dans les pays montagneux, on exploite les carrières à ciel ouvert; mais dans les pays plats on est obligé de creuser des puits et d'aller chercher la pierre, absolument comme on va chercher la houille et le minerai de fer, dans les entrailles de la terre.

— A force d'élever des blocs et des moellons, on doit faire de grands trous dans l'intérieur du sol? fit observer Alice.

— Des trous considérables; tu en as un exemple sous tes pieds : les catacombes, ces

Les flots font vibrer la voûte et produisent des sons harmonieux.

vastes galeries souterraines qui s'étendent sur la rive gauche de Paris et même au delà, sont d'anciennes carrières.

— Je voudrais bien les visiter : cela doit être curieux à voir.

— Pas tant que tu crois. Si tu voulais voir des choses vraiment admirables, il te faudrait visiter des cavernes et des grottes naturelles.

### Les grottes.

Quelques-unes de ces cavernes se divisent parfois en huit ou dix salles. Dans plusieurs, on aperçoit, suspendues à la voûte et tapissant le sol et les murailles, des concrétions pierreuses représentant des guirlandes, des cascades immobiles, des tuyaux d'orgue, des fleurs, des animaux fantastiques, etc. Ces objets sont formés par des eaux chargées de matière calcaire qui tombent goutte à goutte et qui se durcissent avec le temps.

On a donné le nom de *stalactites* aux concrétions qui demeurent suspendues, et de *stalagmites* à celles qui sont à terre.

Comme on ne pénètre dans ces cavités qu'avec des flambeaux, stalactites et stalagmites — qui sont presque blanches et quelquefois à demi transparentes — réfléchissent la lumière et produisent un effet merveilleux.

Les excavations les plus remarquables de France se trouvent dans le département de l'Yonne, à Arcy-sur-Cure. On cite aussi, comme étant très curieuse, la grotte d'Antiparos, dans l'archipel de Grèce ; la caverne d'Adelberg, en Illyrie ; la grotte du Mammouth, aux États-Unis d'Amérique, et surtout la grotte de Fingal, dans l'île de Staffa, à l'ouest de l'Écosse. Cette dernière offre cette particularité que, étant ouverte du côté de la mer, les flots, qui s'élancent par cette entrée, font vibrer les parois de la voûte et produisent des sons mélodieux.

— Partons pour l'île de Staffa, s'écria Alice avec enthousiasme.

— Un peu plus au nord, en Islande, poursuivit M. Richard, la pierre se présente sous un tout autre aspect. C'est là que se voit la fameuse chaussée des Géants, magnifique colonnade qui s'avance au loin dans la mer et qui, se prolongeant sur le rivage par une foule de colonnes plus basses, produit l'effet d'un gigantesque escalier. Ces colonnes sont à pans coupés et polies sur toutes leurs faces. Elles sont si régulièrement taillées qu'on les croirait sorties de la main d'un ouvrier. Elles ne sont sorties que d'un volcan, car la pierre dont elles sont faites, et qui se nomme basalte, a été vitrifiée par le feu souterrain.

Ce *basalte* est une roche noire ou de couleur très foncée; il se trouve en abondance dans les contrées volcaniques et se présente, le plus souvent, sous la forme de colonne tronquée.

Une autre curiosité naturelle due à ce même balsalte se voit en Amérique. Ce sont deux énormes murs de deux mille pieds qui s'élèvent de part et d'autre sur les rives du Missouri, et tiennent ce fleuve enfermé pendant plus d'une lieue. Ces murs sont connus sous le nom de *Pyles missouriennes.*

Il existe ailleurs des rochers formant d'étroits chemins : tels sont les passages des *Thermopyles*, en Grèce; les *Portes du Caucase*, en Asie; le *défilé de Skiœrdal*, entre la Suède et la Norvège, etc.

La plupart de ces rochers formidables sont

en *granit* ou en *porphyre*, pierres très résistantes qui servent à paver les rues, à former des marches d'escalier, des bordures de trottoir, des bassins, etc.

Le basalte, à cause de son excessive dureté, qui dépasse celle du verre, n'est guère employé dans les constructions. On en fait quelques menus objets de fantaisie, des enclumes de batteur d'or, des socles de pendules, des coupes, etc.

— La coupe que vous avez donnée à papa est-elle en basalte? demanda Alice.

— Non, le basalte est de couleur très foncée, tandis que la coupe dont tu parles est d'un blanc jaunâtre et à demi transparente. Cet objet est en *albâtre*, pierre avec laquelle on fait des vases, des statuettes et de jolis ornements sculptés. Cette pierre est tendre au point de se rayer sous l'ongle. L'albâtre le plus pur, appelé *albâtre oriental*, est fourni par les stalactites et les stalagmites.

LES STATUES SE TAILLENT DANS LE MARBRE DE CARRARE.

— Moi, je croyais que la coupe de papa était en marbre, dit Ernest.

— Albâtre et marbre se ressemblent beau-

coup et l'on peut aisément s'y tromper. L'albâtre ne se présente guère en blocs volumi-
neux; le *marbre*, au contraire, forme des
masses considérables : le premier est assez
rare; le second se trouve en abondance. Les
Apennins et les Pyrénées recèlent des marbres
de toutes couleurs, et Carrare fournit les beaux
marbres blancs avec lesquels se font les statues.

Vous connaissez l'emploi du marbre et vous
savez qu'on l'utilise de cent manières : il sert
à couvrir des meubles, à former des cheminées, des chapelles, des dallages, des mosaï-
ques, et même à bâtir : la cathédrale de
Milan est tout en marbre blanc.

— Une cathédrale en marbre blanc doit
être éblouissante.

— Oui, lorsqu'elle est neuve : avec le
temps le marbre perd son éclat et ressemble
à du plâtre.

— Qu'est-ce que c'est que le plâtre, mon oncle? demanda le petit garçon.

### Le plâtre.

— Le *plâtre* est une pierre appelée *gypse* qui a été calcinée et réduite en poudre. Cette poudre, délayée dans une certaine quantité d'eau, produit une pâte qui a la propriété de se durcir promptement. Le plâtre étant fort commun, son usage excellent et son application facile, on en fait un emploi considérable dans la bâtisse : il sert à couvrir les murs et les plafonds, à cimenter les pierres et les briques et même à crépir les murs extérieurs.

Le plâtre délayé, pouvant prendre toutes les formes, sert au mouleur pour reproduire les sculptures et les œuvres d'art.

Mélangé avec de la colle forte et de la poussière de marbre, le plâtre devient très dur et peut se polir. En cet état, il prend le nom de *stuc* et remplace le marbre, dont il a toute l'apparence.

— La pierre sert à beaucoup de choses, fit remarquer la petite fille.

— On trouve un peu partout, et principalement en Sibérie, continua le narrateur, une pierre qui porte le nom de *mica* et qui a la propriété de résister au feu. Elle se divise en feuillets aussi minces que du papier et sert en guise de vitres pour garnir les lanternes et les fenêtres des vaisseaux de guerre, car elle est transparente. On en fait aussi des verres de lampe incassables.

Ce mica me rappelle une autre pierre d'une utilité plus grande et qui se divise également en feuillets. Cette pierre n'est point transparente, mais elle est imperméable. On l'utilise pour couvrir les maisons, pour revêtir

les murs exposés à l'humidité et pour fa-
çonner des plaques à l'usage des écoliers.

— C'est l'*ardoise*, dit Ernest.

Je sais que les carrières d'ardoise les plus
considérables se trouvent dans les départements de Maine-et-Loire et des Ardennes.

La *craie* avec laquelle on écrit, est-elle
de la pierre aussi? ajouta-t-il.

— Oui. C'est une pierre très friable, qui
est néanmoins propre à la construction, parce
qu'elle se durcit à l'air.

Une variété de craie, qu'on trouve dans
les environs de Paris, donne, lorsqu'elle a
été dissoute dans l'eau, le produit connu
dans le commerce sous le nom de *blanc
d'Espagne*.

Ce blanc d'Espagne, mélangé avec de
l'huile de lin, produit le *mastic* employé par
les vitriers.

5.

Il existe d'autres pierres plus tendres encore que la craie, notamment le *talc*, vulgairement appelé *pierre de lard*. Ce talc, dont on fait des crayons, est si mou qu'il s'écrase sous les doigts.

— Ce n'est pas avec cette pierre qu'on pourrait repasser les rasoirs et les ciseaux, dit en riant le petit garçon.

— En effet, le *grès*, pierre avec laquelle se font les meules des rémouleurs, est quelquefois très dur. Il est formé de menus grains de *quartz* très fins, tels que les grains de sable qui couvrent les plages de la mer. Le grès est cependant beaucoup moins dur que la roche calcaire dite *pierre du Levant*. Cette dernière sert à affiler les outils, lorsqu'ils ont été dégrossis par la meule.

Une autre pierre calcaire, également fort compacte et qui joue un rôle important dans les arts, c'est la *pierre lithographique*.

Grâce à cette pierre, on peut reproduire indé-

LES MEULES DES RÉMOULEURS SONT EN GRÈS.

finiment les dessins et les écritures.

Les plus belles pierres lithographiques se trouvent en Bohême.

Dans ce pays, se rencontrent aussi des eaux qui ont la propriété de donner à tous les objets qu'elles arrosent l'apparence de la pierre. Lorsqu'on fait tomber ces eaux sur des fleurs, des corbeilles, des nids d'oiseaux, etc., elles les recouvrent d'un sédiment si fin que leurs formes ne sont nullement altérées et que l'on croirait voir de véritables pétrifications. Ces eaux, appelées *incrustantes*, sont assez répandues. La fontaine de Saint-Allyre, en Auvergne, jouit de cette singulière propriété.

— La pierre est donc bonne à tout? s'écria Alice avec admiration.

— Même à faire des manchettes aux demoiselles.

— Oh! mon oncle!

— On trouve en Corse et ailleurs, poursuivit M. Richard, une pierre composée de filaments soyeux et brillants qu'on peut tisser comme du chanvre et du lin : elle sert à fabriquer de la toile, des gants, des vêtements et même du papier. Quand ces objets sont souillés, il suffit de les passer au feu pour les nettoyer : car la pierre dont je parle et qui porte le nom d'*asbeste* ou d'*amiante* est incombustible.

— Mais c'est merveilleux comme un conte de fées, s'écria la petite fille : des vitres incassables, de la toile de pierre, du papier qui ne brûle pas !

### Les pierres précieuses.

— Que dirais-tu si tu voyais le *cristal de roche*, aussi transparent que l'eau la plus limpide ; l'*agate*, aux cent couleurs ; l'*onyx*, la *cornaline* et ces pierres dites précieuses telles que : le *rubis* rouge, le bleu *saphir*, la verte *émeraude*, la violette *améthyste*, la jaune *topaze?*

— Parmi les pierres précieuses vous oubliez de mentionner le diamant, fit remarquer Ernest.

— Le diamant n'est pas une pierre, c'est du pur carbone, l'oncle nous l'a dit, répliqua Alice.

— Qu'importe son origine? c'est tout de même un minéral.

— Quoique le diamant soit du charbon cristallisé, il ne figure pas moins parmi les pierres précieuses. C'est, je vous le répète, le plus dur, le plus rare et le plus cher de tous les corps.

Les diamants se taillent au moyen d'une plaque d'acier mobile qui tourne très rapidement. Sur cette plaque se trouve de l'huile chargée de poussière de diamant. On appuie sur cette plaque la pierre que l'on veut tailler et on la fait user de manière à former des facettes régulières. Les petits diamants se taillent en roses; les gros en brillants.

Par la taille, le diamant perd souvent plus de la moitié de son poids; mais sa valeur augmente considérablement. Cette valeur n'est d'ailleurs nullement proportionnée. Les diamants bruts en dessous de 1 karat (le karat pèse 0 gr. 205) valent de 45 à 48 francs. Un diamant taillé de 1 karat vaut plus de 200 francs. Un diamant de 2 karats vaut plus de 700 francs; s'il pèse 3 karats, il vaut 1 500 francs; quand il atteint 8 karats, il vaut 10 000 francs.

Au-dessus de ce poids les diamants deviennent très rares et n'ont plus qu'une valeur de convention. Ainsi le fameux diamant de France appelé le Régent et qui pèse 136 karats, est estimé plus de dix millions de francs.

Le plus gros des diamants connus est celui qui appartient au prince de Bornéo. Ce diamant pèse 300 karats : sa valeur est inestimable.

Tels sont, mes amis, les principales pierres qui gisent tant à l'intérieur qu'à la surface de notre globe.

Une autre fois, je vous entretiendrai de la pierre au point de vue historique et monumental; je vous parlerai de l'humble croix de pierre qu'on rencontre sur toutes les routes dans les pays chrétiens, et aussi de ces tombeaux gigantesques connus sous le nom de pyramides. Aujourd'hui, vous vous contenterez de savoir que la pierre constitue la plus grande partie du globe terrestre, qu'elle fournit à l'homme le moyen de se construire des

JE VOUS PARLERAI DE LA PIERRE AU POINT DE VUE HISTORIQUE ET MONUMENTAL.

habitations commodes, élégantes, solides et tout ce qu'il faut pour les embellir.

— Mon oncle, expliquez-moi, je vous prie, comment il se fait que les pierres, qui ne sont douées d'aucun mouvement, ont pu sortir du sol et former des montagnes qui dépassent 8 800 mètres de hauteur.

— Ta question nécessite une explication un peu bien sérieuse, mon enfant, et je doute que ton oncle, malgré sa bonne volonté, puisse la rendre intéressante, fit observer la mère de famille.

— Je comprends beaucoup mieux ce que me raconte mon oncle que les règles de la grammaire et de l'arithmétique, fit observer Alice.

— Rassurez-vous, répondit M. Richard à sa femme, je ne ferai qu'effleurer ce sujet; puis s'adressant à son jeune auditoire, il ajouta :

### L'écorce terrestre.

— Vous savez, mes amis, que le globe que

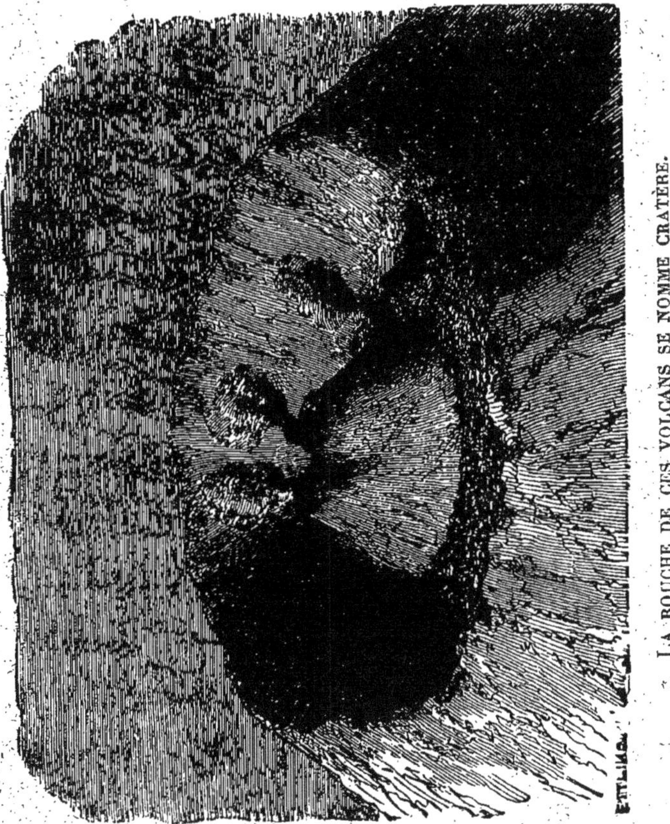



nous habitons a la forme d'une boule et que

cette boule, qui mesure 40 000 kilomètres de

circonférence, est animée d'un double mouvement : elle tourne sur elle-même, comme une
toupie, dans l'espace de vingt-quatre heures
et parcourt, en tournant de la sorte et dans
l'espace de 365 jours et six heures, un chemin
circulaire autour du soleil.

— Nous savons cela, répliquèrent les enfants.

— Vous savez de même que la surface de la
terre est très inégale. Elle présente des parties
saillantes et des creux plus ou moins considérables. Les parties creuses sont remplies
par la mer qui occupe les trois quarts de la
surface du globe. Le quart non submergé
constitue les îles et les continents sur lesquels
nous vivons. Eh bien, ces inégalités de surface
sont dues aux bouleversements qu'a subis
l'écorce terrestre à différentes époques de sa
formation.

— Qu'appelez-vous écorce terrestre? demanda la jeune fille.

— Les savants prétendent que, dans l'origine, il y a quelques centaines de milliers de siècles, notre monde était une masse incandescente, un globe enflammé, comme l'est le soleil; que cette masse en ignition s'est refroidie insensiblement; que les fluides gazeux, en se refroidissant et en se combinant entre eux, sont devenus solides et ont formé, autour du foyer central, une sorte de croûte rugueuse à laquelle ils ont donné le nom d'*écorce terrestre*. Les savants disent que cette écorce s'épaissit tous les jours davantage et qu'actuellement elle peut avoir de soixante à quatre-vingts kilomètres dans ses parties les plus épaisses.

— Il me semble que cette croûte n'est guère épaisse pour envelopper une aussi grosse masse, fit observer le petit garçon.

— Tu peux la comparer à la mince enveloppe en caoutchouc qui entoure les plus gros
ballons.

— A ce compte, le feu qui se trouve enfermé dans l'intérieur de notre globe pourrait
bien sortir par quelques fissures de l'écorce,
dit Alice.

— C'est précisément ce qui arrive chaque
fois que les volcans sont en éruption. Les volcans sont des soupiraux qui permettent aux
gaz de s'échapper du foyer central. Ce sont
autant de soupapes de sûreté. Sans eux notre
fragile écorce terrestre craquerait de toutes
parts ou éclaterait, comme les chaudières de
machines éclatent quand la vapeur qu'elles
renferment ne trouve pas d'issues pour
s'échapper.

Donc, dans les premiers âges de notre

globe, il paraît que les volcans n'avaient pu encore se former : car la croûte terrestre s'est vue boursouflée, fendillée, déprimée sur tous les points sous la poussée des gaz intérieurs qu'elle ne pouvait encore comprimer.

Lorsque le refroidissement s'accusa, les vapeurs tenues en suspension dans l'atmosphère purent se résoudre en eau et, se mêlant aux limons de toute nature, couvrir la surface de notre monde d'une mare brûlante. Le feu central, bien qu'entouré d'une écorce légère et d'une enveloppe liquide, continuait à projeter les gaz résultant de sa combustion : ainsi commencèrent les premiers bouillonnements de cette boue qui devait plus tard devenir solide.

Cet état de choses dura pendant un nombre de siècles qu'il est impossible de déterminer, et la croûte naissante du globe subit ensuite des bouleversements que la science cherche à préciser et dont elle a pu constater les traces par des preuves irrécusables.

Au fur et à mesure que le foyer central perdait de son énergie, l'écorce terrestre acquérait plus de consistance et plus d'épaisseur. Enfin arriva le moment où elle fut assez solide pour comprimer les gaz intérieurs. De cette époque datent les grands soulèvements qui se produisirent à sa surface et qui finirent par une sorte de concession : l'écorce terrestre permit aux gaz intérieurs de s'échapper par de nombreuses trouées, auxquelles nous avons donné le nom de *volcans*, et dont la plupart sont fermés aujourd'hui ; dès lors cessa la lutte entre ces deux forces contraires.

A partir de cette époque, tout se régularisa sur notre planète ; les boursouflures et les affaissements de terrains demeurèrent ce qu'ils sont : les premières constituèrent les îles et les continents, les autres furent occupés par l'eau.

— Ces creux et ces bosses doivent être énormes, dit Ernest.

— Ils nous paraissent tels. En réalité les dépressions et les reliefs de notre globe sont moins considérables, toute proportion gardée, que les rugosités qu'on remarque sur la peau d'une orange.

Dès que le chaos des éléments prit fin, la vie organique commença sur la terre.

— Je m'explique maintenant comment les pierres peuvent se trouver aussi bien au sommet des montagnes que dans l'intérieur du sol.

— Et moi, je ne comprends pas le mot *atmosphérique* que papa répète à chaque instant, dit la petite Marie.

— L'atmosphère, ma mignonne, est la couche d'air qui entoure la surface de notre globe et qui nous permet de respirer. Cette masse de fluide invisible mesure de 75 à 80 kilomètres d'épaisseur environ. C'est l'air qui, en retenant dans ses couches inférieures une partie des rayons caloriques qu'il reçoit du soleil y maintient une température qui nous permet de vivre. C'est lui aussi qui cause toutes les perturbations violentes dont je t'ai maintes fois signalé les effets.

— Les cheminées qui tombent et les tuiles qui volent, dit Alfred en riant.

— L'atmosphère, c'est donc le vent? s'écria la petite fille.

— Appelle-la vent, si cela t'est plus commode; car le vent n'est autre chose que de l'air agité; il n'y aurait jamais de vent si l'air ne se déplaçait pas : tu prends donc l'effet pour la cause.

— D'après ce que je comprends nous vivons entre deux chaleurs : celle qui vient du centre de la terre et celle que nous envoie le soleil, dit Alice.

— Tu comprends fort bien, ma nièce.

— Si je m'explique la présence des pierres en tous lieux, dit le petit garçon, je ne m'explique pas le moins du monde la différence de leur nature; pourquoi les moellons à bâtir ne ressemblent-ils pas au cristal? ainsi que vous le faisiez remarquer tout à l'heure, mon oncle.

— Parce que les pierres — on les appelle *roches* quand il s'agit de désigner les grandes masses minérales qui entrent dans la composition de l'écorce terrestre — parce que les roches ont des origines bien distinctes : les unes sont dues à l'action de l'eau; les autres à l'action du feu.

Les premières sont formées par des sédiments limoneux, des sables et des débris de toutes sortes, charriés ou tenus en suspension par les eaux. Ces roches sont placées par couches successives et horizontales. Les matériaux qui les composent, argile, calcaire, sable, métaux, coquillages, etc., ont déposé leurs sédiments au fond des eaux par lits d'épaisseur variable. Ces roches, pour cette raison, sont appelées *roches sédimentaires*. On leur donne aussi le nom de *stratifiées*, parce qu'elles sont placées par strates, c'est-à-dire par couches. La succession de ces strates ou couches produit une suite d'assises parallèles qui, dans l'origine, étaient toutes horizontales — les plus anciennes couches étaient naturellement au fond et les plus récentes en haut — mais, par suite des mouvements survenus dans l'écorce terrestre et par d'autres

CE GENRE DE ROCHES RESSEMBLE A DES COULÉES DE VERRE FONDU.

6.

causes, il est arrivé que l'ordre établi s'est modifié en maints endroits : les couches horizontales se sont ondulées, redressées et ont pris la place des assises supérieures, de manière que certaines couches de récente formation se trouvent quelquefois au fond, tandis que les anciennes occupent le haut.

Les roches provenant de l'action du feu ne ressemblent en rien aux précédentes. Ces roches, appelées *ignées* ou *éruptives*, ne sont pas disposées par couches successives tombant du haut en bas. Elles sont venues tout d'une pièce de bas en haut. Elles ont fait éruption au travers des assises des roches sédimentaires. Elles ont jailli toutes faites, comme les jets d'eau jaillissent des bassins, pour ainsi dire. C'est de là que leur vient le nom d'*éruptives*.

Ce genre de roches ressemble à des coulées

LES DÉBRIS OU LES TRACES DES CORPS ORGANISÉS.

de verre fondu; elles ne montrent aucune trace de stratification, aucun débris de matières organiques, aucun coquillage fossile. Sorties du feu souterrain, elles sont vitrifiées et se présentent sous forme de pics, de blocs, d'aiguilles, de murailles, de pyramides, etc.

La plupart des roches éruptives, en bouleversant les roches stratifiées, se sont arrêtées dans leur ascension à divers étages des terrains sédimentaires; mais d'autres ont traversé la croûte terrestre et sont venues se dresser à la surface du sol en affectant les formes d'obélisques, de colonnes tronquées, de jeux d'orgues, de murs cannelés, etc.

Je vous ai déjà entretenu de ces roches éruptives, en vous parlant de la chaussée des Géants, de la grotte de Fingal et des Pyles missouriennes.

Parmi les roches, il y en a qui participent

aux deux genres de formation et qui sont dues au concours de l'eau et du feu. Il y en a d'autres encore qu'on pourrait appeler roches animales : car elles sont presque entièrement composées de coquillages fossiles agrégés, c'est-à-dire amassés et soudés ensemble.

— Que veut dire *fossile*, mon oncle? je ne comprends pas la signification de ce mot, dit l'aîné des enfants.

— On entend par *fossile* tous les débris ou traces de corps organisés, animaux ou végétaux, qu'on trouve à l'état de pétrification dans les matières minérales dont le sol est constitué. La plupart des plantes et des animaux fossiles ne sont pas les mêmes aux différentes périodes géologiques indiquées par les roches et n'ont plus actuellement de représentants sur la terre.

— Qu'appelez-vous *périodes géologiques*, mon oncle? demanda Alice.

— On appelle *périodes géologiques* la division du temps que l'écorce terrestre a mis à se former. On en compte quatre, que l'on désigne par ordre de numéro : *Primaire, secondaire, tertiaire, quaternaire.*

La première se trouve naturellement au fond du sol.

Chacune de ces périodes comprend un certain nombre de couches de terrain de nature diverse, placées les unes au-dessus des autres par rang d'ancienneté. Ces couches de terrains forment des assises, des étages plus ou moins réguliers, qui indiquent les modifications que notre monde a subies à différentes époques de sa vie.

Les savants comptent vingt-six étages distincts dans les quatre grandes périodes géologiques : ils les désignent par la nature de leurs terrains. Ce n'est que dans les terrains de l'époque quaternaire, qui sont les plus récents, que l'on retrouve des ossements humains fossiles. C'est donc à cette époque que l'homme fit son apparition sur la terre.

— Assez de science pour aujourd'hui, mes enfants, dit la maîtresse de la maison en se levant : retournez jouer dans le verger.


FIN

# TABLE DES MATIÈRES




COULOMMIERS. — Typog. P. BRODARD et GALLOIS.